This Books Belongs to:

_____

_____

Multiplication - (Digits 0 to 10)

S No. 1	S No. 2	S No. 3	S No. 4
5	5	11	8
x 0	x 1	x 0	x 0

S No. 5	S No. 6	S No. 7	S No. 8
2	15	7	8
x 0	x 0	x 0	x 0

S No. 9	S No. 10	S No. 11	S No. 12
11	2	15	13
x 0	x 1	x 0	x 1

S No. 13	S No. 14	S No. 15	S No. 16
15	3	11	14
x 1	x 0	x 1	x 0

S No. 17	S No. 18	S No. 19	S No. 20
4	0	9	12
x 0	x 0	x 0	x 0

Multiplication - (Digits 0 to 10)

S No. 21	S No. 22	S No. 23	S No. 24
5	11	6	6
x 1	x 0	x 1	x 0

S No. 25	S No. 26	S No. 27	S No. 28
1	13	17	11
x 1	x 0	x 0	x 1

S No. 29	S No. 30	S No. 31	S No. 32
11	20	3	9
x 0	x 1	x 1	x 0

S No. 33	S No. 34	S No. 35	S No. 36
9	2	4	18
x 1	x 1	x 0	x 1

S No. 37	S No. 38	S No. 39	S No. 40
20	2	8	19
x 0	x 1	x 1	x 1

Multiplication - (Digits 0 to 10)

S No. 41	S No. 42	S No. 43	S No. 44
5	5	16	18
x 0	x 1	x 1	x 1
_____	_____	_____	_____

S No. 45	S No. 46	S No. 47	S No. 48
4	3	8	4
x 0	x 0	x 0	x 1
_____	_____	_____	_____

S No. 49	S No. 50	S No. 51	S No. 52
10	4	4	5
x 1	x 1	x 1	x 0
_____	_____	_____	_____

S No. 53	S No. 54	S No. 55	S No. 56
4	16	17	17
x 1	x 1	x 0	x 1
_____	_____	_____	_____

S No. 57	S No. 58	S No. 59	S No. 60
3	20	4	4
x 0	x 0	x 0	x 0
_____	_____	_____	_____

Multiplication - (Digits 0 to 10)

S No. 61	S No. 62	S No. 63	S No. 64
3 x 0	10 x 1	9 x 0	13 x 1
S No. 65	S No. 66	S No. 67	S No. 68
3 x 0	6 x 1	1 x 0	1 x 0
S No. 69	S No. 70	S No. 71	S No. 72
0 x 1	20 x 0	4 x 1	15 x 1
S No. 73	S No. 74	S No. 75	S No. 76
13 x 0	0 x 1	7 x 1	7 x 0
S No. 77	S No. 78	S No. 79	S No. 80
18 x 1	0 x 0	9 x 1	1 x 1

Multiplication - (Digits 0 to 10)

S No. 81	S No. 82	S No. 83	S No. 84
0	18	6	16
x 1	x 0	x 1	x 1

S No. 85	S No. 86	S No. 87	S No. 88
7	8	11	2
x 1	x 0	x 0	x 0

S No. 89	S No. 90	S No. 91	S No. 92
10	19	3	13
x 1	x 1	x 1	x 1

S No. 93	S No. 94	S No. 95	S No. 96
5	7	16	13
x 0	x 0	x 0	x 1

S No. 97	S No. 98	S No. 99	S No. 100
18	14	12	17
x 1	x 1	x 0	x 0

Multiplication - (Digits 0 to 10)

S No. 1	S No. 2	S No. 3	S No. 4
18	5	16	16
x 2	x 2	x 2	x 2
___	___	___	___

S No. 5	S No. 6	S No. 7	S No. 8
12	19	6	19
x 2	x 2	x 2	x 2
___	___	___	___

S No. 9	S No. 10	S No. 11	S No. 12
14	5	11	3
x 2	x 2	x 2	x 2
___	___	___	___

S No. 13	S No. 14	S No. 15	S No. 16
12	0	1	13
x 2	x 2	x 2	x 2
___	___	___	___

S No. 17	S No. 18	S No. 19	S No. 20
10	11	7	15
x 2	x 2	x 2	x 2
___	___	___	___

Multiplication - (Digits 0 to 10)

S No. 21	S No. 22	S No. 23	S No. 24
17 x 2	19 x 2	7 x 2	18 x 2

S No. 25	S No. 26	S No. 27	S No. 28
0 x 2	11 x 2	19 x 2	2 x 2

S No. 29	S No. 30	S No. 31	S No. 32
10 x 2	9 x 2	5 x 2	2 x 2

S No. 33	S No. 34	S No. 35	S No. 36
15 x 2	8 x 2	3 x 2	1 x 2

S No. 37	S No. 38	S No. 39	S No. 40
7 x 2	11 x 2	0 x 2	5 x 2

Multiplication - (Digits 0 to 10)

S No. 41	S No. 42	S No. 43	S No. 44
11	9	12	0
x 2	x 2	x 2	x 2

S No. 45	S No. 46	S No. 47	S No. 48
4	11	2	14
x 2	x 2	x 2	x 2

S No. 49	S No. 50	S No. 51	S No. 52
6	19	17	18
x 2	x 2	x 2	x 2

S No. 53	S No. 54	S No. 55	S No. 56
2	4	8	13
x 2	x 2	x 2	x 2

S No. 57	S No. 58	S No. 59	S No. 60
14	16	8	7
x 2	x 2	x 2	x 2

S No. 61	S No. 62	S No. 63	S No. 64
18	19	7	19
x 2	x 2	x 2	x 2

S No. 65	S No. 66	S No. 67	S No. 68
0	1	5	2
x 2	x 2	x 2	x 2

S No. 69	S No. 70	S No. 71	S No. 72
7	11	17	13
x 2	x 2	x 2	x 2

S No. 73	S No. 74	S No. 75	S No. 76
1	11	3	19
x 2	x 2	x 2	x 2

S No. 77	S No. 78	S No. 79	S No. 80
1	2	4	19
x 2	x 2	x 2	x 2

Multiplication - (Digits 0 to 10)

S No. 81

10
x 2
_____
_____

S No. 82

6
x 2
_____
_____

S No. 83

0
x 2
_____
_____

S No. 84

5
x 2
_____
_____

S No. 85

5
x 2
_____
_____

S No. 86

10
x 2
_____
_____

S No. 87

4
x 2
_____
_____

S No. 88

16
x 2
_____
_____

S No. 89

12
x 2
_____
_____

S No. 90

20
x 2
_____
_____

S No. 91

6
x 2
_____
_____

S No. 92

6
x 2
_____
_____

S No. 93

13
x 2
_____
_____

S No. 94

19
x 2
_____
_____

S No. 95

8
x 2
_____
_____

S No. 96

17
x 2
_____
_____

S No. 97

13
x 2
_____
_____

S No. 98

6
x 2
_____
_____

S No. 99

4
x 2
_____
_____

S No. 100

20
x 2
_____
_____

Multiplication - (Digits 0 to 10)

S No. 1	S No. 2	S No. 3	S No. 4
6	6	1	13
x 3	x 3	x 3	x 3

S No. 5	S No. 6	S No. 7	S No. 8
7	4	8	8
x 3	x 3	x 3	x 3

S No. 9	S No. 10	S No. 11	S No. 12
4	9	1	20
x 3	x 3	x 3	x 3

S No. 13	S No. 14	S No. 15	S No. 16
11	13	16	14
x 3	x 3	x 3	x 3

S No. 17	S No. 18	S No. 19	S No. 20
7	10	0	3
x 3	x 3	x 3	x 3

Multiplication - (Digits 0 to 10)

S No. 21	S No. 22	S No. 23	S No. 24
14	14	10	6
x 3	x 3	x 3	x 3

S No. 25	S No. 26	S No. 27	S No. 28
17	10	5	5
x 3	x 3	x 3	x 3

S No. 29	S No. 30	S No. 31	S No. 32
20	6	9	1
x 3	x 3	x 3	x 3

S No. 33	S No. 34	S No. 35	S No. 36
2	5	8	20
x 3	x 3	x 3	x 3

S No. 37	S No. 38	S No. 39	S No. 40
10	1	7	3
x 3	x 3	x 3	x 3

Multiplication - (Digits 0 to 10)

S No. 41	S No. 42	S No. 43	S No. 44
8 x 3	14 x 3	6 x 3	18 x 3

S No. 45	S No. 46	S No. 47	S No. 48
11 x 3	16 x 3	5 x 3	4 x 3

S No. 49	S No. 50	S No. 51	S No. 52
4 x 3	7 x 3	5 x 3	0 x 3

S No. 53	S No. 54	S No. 55	S No. 56
11 x 3	15 x 3	6 x 3	18 x 3

S No. 57	S No. 58	S No. 59	S No. 60
8 x 3	14 x 3	16 x 3	16 x 3

Multiplication - (Digits 0 to 10)

S No. 61	S No. 62	S No. 63	S No. 64
6 x 3	1 x 3	2 x 3	10 x 3

S No. 65	S No. 66	S No. 67	S No. 68
11 x 3	10 x 3	18 x 3	15 x 3

S No. 69	S No. 70	S No. 71	S No. 72
2 x 3	19 x 3	0 x 3	0 x 3

S No. 73	S No. 74	S No. 75	S No. 76
15 x 3	2 x 3	12 x 3	14 x 3

S No. 77	S No. 78	S No. 79	S No. 80
1 x 3	4 x 3	20 x 3	1 x 3

Multiplication - (Digits 0 to 10)

S No. 81	S No. 82	S No. 83	S No. 84
9	16	8	1
x 3	x 3	x 3	x 3

S No. 85	S No. 86	S No. 87	S No. 88
5	3	13	18
x 3	x 3	x 3	x 3

S No. 89	S No. 90	S No. 91	S No. 92
6	12	12	14
x 3	x 3	x 3	x 3

S No. 93	S No. 94	S No. 95	S No. 96
7	6	13	8
x 3	x 3	x 3	x 3

S No. 97	S No. 98	S No. 99	S No. 100
10	10	4	2
x 3	x 3	x 3	x 3

Multiplication - (Digits 0 to 10)

S No. 1

20
x 4
_____

S No. 2

13
x 4
_____

S No. 3

16
x 4
_____

S No. 4

17
x 4
_____

S No. 5

9
x 4
_____

S No. 6

6
x 4
_____

S No. 7

10
x 4
_____

S No. 8

12
x 4
_____

S No. 9

15
x 4
_____

S No. 10

9
x 4
_____

S No. 11

14
x 4
_____

S No. 12

14
x 4
_____

S No. 13

14
x 4
_____

S No. 14

15
x 4
_____

S No. 15

0
x 4
_____

S No. 16

14
x 4
_____

S No. 17

6
x 4
_____

S No. 18

8
x 4
_____

S No. 19

17
x 4
_____

S No. 20

8
x 4
_____

Multiplication - (Digits 0 to 10)

S No. 21

9
x 4
_____

S No. 22

7
x 4
_____

S No. 23

11
x 4
_____

S No. 24

4
x 4
_____

S No. 25

8
x 4
_____

S No. 26

19
x 4
_____

S No. 27

7
x 4
_____

S No. 28

6
x 4
_____

S No. 29

3
x 4
_____

S No. 30

4
x 4
_____

S No. 31

0
x 4
_____

S No. 32

14
x 4
_____

S No. 33

14
x 4
_____

S No. 34

12
x 4
_____

S No. 35

1
x 4
_____

S No. 36

4
x 4
_____

S No. 37

17
x 4
_____

S No. 38

13
x 4
_____

S No. 39

1
x 4
_____

S No. 40

15
x 4
_____

Multiplication - (Digits 0 to 10)

S No. 41	S No. 42	S No. 43	S No. 44
19	14	4	12
x 4	x 4	x 4	x 4

S No. 45	S No. 46	S No. 47	S No. 48
7	1	10	7
x 4	x 4	x 4	x 4

S No. 49	S No. 50	S No. 51	S No. 52
7	18	0	12
x 4	x 4	x 4	x 4

S No. 53	S No. 54	S No. 55	S No. 56
10	1	12	19
x 4	x 4	x 4	x 4

S No. 57	S No. 58	S No. 59	S No. 60
1	7	8	4
x 4	x 4	x 4	x 4

Multiplication - (Digits 0 to 10)

S No. 61

15
x 4
_____
_____

S No. 62

11
x 4
_____
_____

S No. 63

9
x 4
_____
_____

S No. 64

1
x 4
_____
_____

S No. 65

5
x 4
_____
_____

S No. 66

2
x 4
_____
_____

S No. 67

3
x 4
_____
_____

S No. 68

9
x 4
_____
_____

S No. 69

11
x 4
_____
_____

S No. 70

4
x 4
_____
_____

S No. 71

3
x 4
_____
_____

S No. 72

5
x 4
_____
_____

S No. 73

20
x 4
_____
_____

S No. 74

2
x 4
_____
_____

S No. 75

4
x 4
_____
_____

S No. 76

11
x 4
_____
_____

S No. 77

4
x 4
_____
_____

S No. 78

14
x 4
_____
_____

S No. 79

20
x 4
_____
_____

S No. 80

13
x 4
_____
_____

Multiplication - (Digits 0 to 10)

S No. 81	S No. 82	S No. 83	S No. 84
15 x 4	17 x 4	10 x 4	7 x 4

S No. 85	S No. 86	S No. 87	S No. 88
17 x 4	18 x 4	18 x 4	0 x 4

S No. 89	S No. 90	S No. 91	S No. 92
6 x 4	5 x 4	5 x 4	6 x 4

S No. 93	S No. 94	S No. 95	S No. 96
12 x 4	5 x 4	0 x 4	13 x 4

S No. 97	S No. 98	S No. 99	S No. 100
7 x 4	14 x 4	3 x 4	3 x 4

Multiplication - (Digits 0 to 10)

S No. 1	S No. 2	S No. 3	S No. 4
16	4	18	8
x 5	x 5	x 5	x 5

S No. 5	S No. 6	S No. 7	S No. 8
11	4	12	13
x 5	x 5	x 5	x 5

S No. 9	S No. 10	S No. 11	S No. 12
5	0	13	18
x 5	x 5	x 5	x 5

S No. 13	S No. 14	S No. 15	S No. 16
8	14	18	0
x 5	x 5	x 5	x 5

S No. 17	S No. 18	S No. 19	S No. 20
12	19	16	4
x 5	x 5	x 5	x 5

Multiplication - (Digits 0 to 10)

S No. 21	S No. 22	S No. 23	S No. 24
14 x 5	8 x 5	7 x 5	14 x 5

S No. 25	S No. 26	S No. 27	S No. 28
10 x 5	12 x 5	0 x 5	8 x 5

S No. 29	S No. 30	S No. 31	S No. 32
6 x 5	5 x 5	6 x 5	2 x 5

S No. 33	S No. 34	S No. 35	S No. 36
16 x 5	13 x 5	11 x 5	16 x 5

S No. 37	S No. 38	S No. 39	S No. 40
19 x 5	8 x 5	13 x 5	3 x 5

S No. 41	S No. 42	S No. 43	S No. 44
1	9	6	6
x 5	x 5	x 5	x 5

S No. 45	S No. 46	S No. 47	S No. 48
11	17	6	20
x 5	x 5	x 5	x 5

S No. 49	S No. 50	S No. 51	S No. 52
10	7	17	14
x 5	x 5	x 5	x 5

S No. 53	S No. 54	S No. 55	S No. 56
8	2	0	18
x 5	x 5	x 5	x 5

S No. 57	S No. 58	S No. 59	S No. 60
16	14	16	18
x 5	x 5	x 5	x 5

Multiplication - (Digits 0 to 10)

S No. 61	S No. 62	S No. 63	S No. 64
16	1	7	14
x 5	x 5	x 5	x 5

S No. 65	S No. 66	S No. 67	S No. 68
18	18	11	3
x 5	x 5	x 5	x 5

S No. 69	S No. 70	S No. 71	S No. 72
1	14	19	16
x 5	x 5	x 5	x 5

S No. 73	S No. 74	S No. 75	S No. 76
8	10	13	8
x 5	x 5	x 5	x 5

S No. 77	S No. 78	S No. 79	S No. 80
7	1	1	8
x 5	x 5	x 5	x 5

Multiplication - (Digits 0 to 10)

S No. 81

$$\begin{array}{r} 5 \\ \times\ 5 \\ \hline \end{array}$$

S No. 82

$$\begin{array}{r} 6 \\ \times\ 5 \\ \hline \end{array}$$

S No. 83

$$\begin{array}{r} 8 \\ \times\ 5 \\ \hline \end{array}$$

S No. 84

$$\begin{array}{r} 20 \\ \times\ 5 \\ \hline \end{array}$$

S No. 85

$$\begin{array}{r} 1 \\ \times\ 5 \\ \hline \end{array}$$

S No. 86

$$\begin{array}{r} 1 \\ \times\ 5 \\ \hline \end{array}$$

S No. 87

$$\begin{array}{r} 16 \\ \times\ 5 \\ \hline \end{array}$$

S No. 88

$$\begin{array}{r} 0 \\ \times\ 5 \\ \hline \end{array}$$

S No. 89

$$\begin{array}{r} 20 \\ \times\ 5 \\ \hline \end{array}$$

S No. 90

$$\begin{array}{r} 14 \\ \times\ 5 \\ \hline \end{array}$$

S No. 91

$$\begin{array}{r} 3 \\ \times\ 5 \\ \hline \end{array}$$

S No. 92

$$\begin{array}{r} 11 \\ \times\ 5 \\ \hline \end{array}$$

S No. 93

$$\begin{array}{r} 17 \\ \times\ 5 \\ \hline \end{array}$$

S No. 94

$$\begin{array}{r} 7 \\ \times\ 5 \\ \hline \end{array}$$

S No. 95

$$\begin{array}{r} 12 \\ \times\ 5 \\ \hline \end{array}$$

S No. 96

$$\begin{array}{r} 8 \\ \times\ 5 \\ \hline \end{array}$$

S No. 97

$$\begin{array}{r} 13 \\ \times\ 5 \\ \hline \end{array}$$

S No. 98

$$\begin{array}{r} 15 \\ \times\ 5 \\ \hline \end{array}$$

S No. 99

$$\begin{array}{r} 3 \\ \times\ 5 \\ \hline \end{array}$$

S No. 100

$$\begin{array}{r} 19 \\ \times\ 5 \\ \hline \end{array}$$

Multiplication - (Digits 0 to 10)

S No. 1	S No. 2	S No. 3	S No. 4
3	20	13	2
x 6	x 6	x 6	x 6
———	———	———	———

S No. 5	S No. 6	S No. 7	S No. 8
1	20	5	7
x 6	x 6	x 6	x 6
———	———	———	———

S No. 9	S No. 10	S No. 11	S No. 12
15	11	3	15
x 6	x 6	x 6	x 6
———	———	———	———

S No. 13	S No. 14	S No. 15	S No. 16
3	4	7	18
x 6	x 6	x 6	x 6
———	———	———	———

S No. 17	S No. 18	S No. 19	S No. 20
18	19	18	15
x 6	x 6	x 6	x 6
———	———	———	———

Multiplication - (Digits 0 to 10)

S No. 21

5

x 6

_____

_____

S No. 22

20

x 6

_____

_____

S No. 23

13

x 6

_____

_____

S No. 24

5

x 6

_____

_____

S No. 25

9

x 6

_____

_____

S No. 26

10

x 6

_____

_____

S No. 27

7

x 6

_____

_____

S No. 28

5

x 6

_____

_____

S No. 29

12

x 6

_____

_____

S No. 30

12

x 6

_____

_____

S No. 31

16

x 6

_____

_____

S No. 32

15

x 6

_____

_____

S No. 33

1

x 6

_____

_____

S No. 34

2

x 6

_____

_____

S No. 35

16

x 6

_____

_____

S No. 36

19

x 6

_____

_____

S No. 37

7

x 6

_____

_____

S No. 38

20

x 6

_____

_____

S No. 39

19

x 6

_____

_____

S No. 40

20

x 6

_____

_____

S No. 41

19
x 6
_____

S No. 42

9
x 6
_____

S No. 43

15
x 6
_____

S No. 44

1
x 6
_____

S No. 45

11
x 6
_____

S No. 46

13
x 6
_____

S No. 47

16
x 6
_____

S No. 48

1
x 6
_____

S No. 49

0
x 6
_____

S No. 50

1
x 6
_____

S No. 51

18
x 6
_____

S No. 52

12
x 6
_____

S No. 53

16
x 6
_____

S No. 54

5
x 6
_____

S No. 55

8
x 6
_____

S No. 56

19
x 6
_____

S No. 57

6
x 6
_____

S No. 58

0
x 6
_____

S No. 59

0
x 6
_____

S No. 60

9
x 6
_____

Multiplication - (Digits 0 to 10)

S No. 61	S No. 62	S No. 63	S No. 64
17 x 6	11 x 6	4 x 6	5 x 6

S No. 65	S No. 66	S No. 67	S No. 68
1 x 6	6 x 6	11 x 6	8 x 6

S No. 69	S No. 70	S No. 71	S No. 72
10 x 6	10 x 6	17 x 6	15 x 6

S No. 73	S No. 74	S No. 75	S No. 76
11 x 6	9 x 6	0 x 6	14 x 6

S No. 77	S No. 78	S No. 79	S No. 80
18 x 6	14 x 6	18 x 6	13 x 6

Multiplication - (Digits 0 to 10)

S No. 81	S No. 82	S No. 83	S No. 84
7	10	1	17
x 6	x 6	x 6	x 6

S No. 85	S No. 86	S No. 87	S No. 88
12	0	14	0
x 6	x 6	x 6	x 6

S No. 89	S No. 90	S No. 91	S No. 92
3	6	10	2
x 6	x 6	x 6	x 6

S No. 93	S No. 94	S No. 95	S No. 96
0	18	20	8
x 6	x 6	x 6	x 6

S No. 97	S No. 98	S No. 99	S No. 100
1	1	19	8
x 6	x 6	x 6	x 6

Multiplication - (Digits 0 to 10)

S No. 1	S No. 2	S No. 3	S No. 4
1	3	17	6
x 7	x 7	x 7	x 7
———	———	———	———

S No. 5	S No. 6	S No. 7	S No. 8
12	0	14	4
x 7	x 7	x 7	x 7
———	———	———	———

S No. 9	S No. 10	S No. 11	S No. 12
7	16	19	10
x 7	x 7	x 7	x 7
———	———	———	———

S No. 13	S No. 14	S No. 15	S No. 16
19	10	7	15
x 7	x 7	x 7	x 7
———	———	———	———

S No. 17	S No. 18	S No. 19	S No. 20
12	2	10	6
x 7	x 7	x 7	x 7
———	———	———	———

Multiplication - (Digits 0 to 10)

S No. 21	S No. 22	S No. 23	S No. 24
20	3	10	1
x 7	x 7	x 7	x 7
_____	_____	_____	_____

S No. 25	S No. 26	S No. 27	S No. 28
14	20	8	10
x 7	x 7	x 7	x 7
_____	_____	_____	_____

S No. 29	S No. 30	S No. 31	S No. 32
4	12	1	15
x 7	x 7	x 7	x 7
_____	_____	_____	_____

S No. 33	S No. 34	S No. 35	S No. 36
10	15	9	14
x 7	x 7	x 7	x 7
_____	_____	_____	_____

S No. 37	S No. 38	S No. 39	S No. 40
18	8	16	2
x 7	x 7	x 7	x 7
_____	_____	_____	_____

Multiplication - (Digits 0 to 10)

S No. 41

1
x 7
_____

S No. 42

19
x 7
_____

S No. 43

16
x 7
_____

S No. 44

8
x 7
_____

S No. 45

8
x 7
_____

S No. 46

6
x 7
_____

S No. 47

18
x 7
_____

S No. 48

15
x 7
_____

S No. 49

2
x 7
_____

S No. 50

4
x 7
_____

S No. 51

6
x 7
_____

S No. 52

14
x 7
_____

S No. 53

11
x 7
_____

S No. 54

3
x 7
_____

S No. 55

5
x 7
_____

S No. 56

10
x 7
_____

S No. 57

13
x 7
_____

S No. 58

4
x 7
_____

S No. 59

16
x 7
_____

S No. 60

9
x 7
_____

Multiplication - (Digits 0 to 10)

S No. 61	S No. 62	S No. 63	S No. 64
8	8	3	14
x 7	x 7	x 7	x 7

S No. 65	S No. 66	S No. 67	S No. 68
16	2	17	10
x 7	x 7	x 7	x 7

S No. 69	S No. 70	S No. 71	S No. 72
20	18	17	12
x 7	x 7	x 7	x 7

S No. 73	S No. 74	S No. 75	S No. 76
0	15	14	15
x 7	x 7	x 7	x 7

S No. 77	S No. 78	S No. 79	S No. 80
18	20	11	15
x 7	x 7	x 7	x 7

Multiplication - (Digits 0 to 10)

S No. 81	S No. 82	S No. 83	S No. 84
16	17	1	10
x 7	x 7	x 7	x 7

S No. 85	S No. 86	S No. 87	S No. 88
4	17	15	9
x 7	x 7	x 7	x 7

S No. 89	S No. 90	S No. 91	S No. 92
3	10	17	3
x 7	x 7	x 7	x 7

S No. 93	S No. 94	S No. 95	S No. 96
4	17	1	6
x 7	x 7	x 7	x 7

S No. 97	S No. 98	S No. 99	S No. 100
5	20	2	15
x 7	x 7	x 7	x 7

Multiplication - (Digits 0 to 10)

S No. 1	S No. 2	S No. 3	S No. 4
6	12	10	10
x 8	x 8	x 8	x 8

S No. 5	S No. 6	S No. 7	S No. 8
2	2	18	13
x 8	x 8	x 8	x 8

S No. 9	S No. 10	S No. 11	S No. 12
1	8	12	13
x 8	x 8	x 8	x 8

S No. 13	S No. 14	S No. 15	S No. 16
16	20	3	4
x 8	x 8	x 8	x 8

S No. 17	S No. 18	S No. 19	S No. 20
20	18	18	18
x 8	x 8	x 8	x 8

S No. 21	S No. 22	S No. 23	S No. 24
2 x 8	11 x 8	16 x 8	19 x 8

S No. 25	S No. 26	S No. 27	S No. 28
1 x 8	11 x 8	15 x 8	4 x 8

S No. 29	S No. 30	S No. 31	S No. 32
19 x 8	20 x 8	4 x 8	12 x 8

S No. 33	S No. 34	S No. 35	S No. 36
20 x 8	14 x 8	12 x 8	3 x 8

S No. 37	S No. 38	S No. 39	S No. 40
12 x 8	2 x 8	3 x 8	17 x 8

Multiplication - (Digits 0 to 10)

S No. 41	S No. 42	S No. 43	S No. 44
6	2	0	16
x 8	x 8	x 8	x 8
S No. 45	S No. 46	S No. 47	S No. 48
11	6	16	11
x 8	x 8	x 8	x 8
S No. 49	S No. 50	S No. 51	S No. 52
15	10	18	12
x 8	x 8	x 8	x 8
S No. 53	S No. 54	S No. 55	S No. 56
6	6	20	0
x 8	x 8	x 8	x 8
S No. 57	S No. 58	S No. 59	S No. 60
11	19	15	4
x 8	x 8	x 8	x 8

S No. 61	S No. 62	S No. 63	S No. 64
15	15	19	4
x 8	x 8	x 8	x 8
___	___	___	___

S No. 65	S No. 66	S No. 67	S No. 68
4	3	10	19
x 8	x 8	x 8	x 8
___	___	___	___

S No. 69	S No. 70	S No. 71	S No. 72
12	5	5	1
x 8	x 8	x 8	x 8
___	___	___	___

S No. 73	S No. 74	S No. 75	S No. 76
14	11	9	14
x 8	x 8	x 8	x 8
___	___	___	___

S No. 77	S No. 78	S No. 79	S No. 80
19	10	7	9
x 8	x 8	x 8	x 8
___	___	___	___

Multiplication - (Digits 0 to 10)

S No. 81	S No. 82	S No. 83	S No. 84
13 x 8	20 x 8	1 x 8	20 x 8
S No. 85	S No. 86	S No. 87	S No. 88
10 x 8	17 x 8	11 x 8	13 x 8
S No. 89	S No. 90	S No. 91	S No. 92
20 x 8	17 x 8	5 x 8	10 x 8
S No. 93	S No. 94	S No. 95	S No. 96
1 x 8	12 x 8	15 x 8	20 x 8
S No. 97	S No. 98	S No. 99	S No. 100
1 x 8	10 x 8	20 x 8	6 x 8

S No. 1

7
x 9
_____
_____

S No. 2

11
x 9
_____
_____

S No. 3

12
x 9
_____
_____

S No. 4

6
x 9
_____
_____

S No. 5

12
x 9
_____
_____

S No. 6

12
x 9
_____
_____

S No. 7

6
x 9
_____
_____

S No. 8

10
x 9
_____
_____

S No. 9

17
x 9
_____
_____

S No. 10

4
x 9
_____
_____

S No. 11

17
x 9
_____
_____

S No. 12

9
x 9
_____
_____

S No. 13

7
x 9
_____
_____

S No. 14

2
x 9
_____
_____

S No. 15

11
x 9
_____
_____

S No. 16

6
x 9
_____
_____

S No. 17

11
x 9
_____
_____

S No. 18

17
x 9
_____
_____

S No. 19

13
x 9
_____
_____

S No. 20

20
x 9
_____
_____

Multiplication - (Digits 0 to 10)

S No. 21	S No. 22	S No. 23	S No. 24
14	19	15	16
x 9	x 9	x 9	x 9

S No. 25	S No. 26	S No. 27	S No. 28
2	8	14	0
x 9	x 9	x 9	x 9

S No. 29	S No. 30	S No. 31	S No. 32
11	16	4	4
x 9	x 9	x 9	x 9

S No. 33	S No. 34	S No. 35	S No. 36
16	16	3	14
x 9	x 9	x 9	x 9

S No. 37	S No. 38	S No. 39	S No. 40
9	10	5	9
x 9	x 9	x 9	x 9

Multiplication - (Digits 0 to 10)

S No. 41

8
x 9
_____

S No. 42

8
x 9
_____

S No. 43

15
x 9
_____

S No. 44

5
x 9
_____

S No. 45

7
x 9
_____

S No. 46

17
x 9
_____

S No. 47

19
x 9
_____

S No. 48

10
x 9
_____

S No. 49

0
x 9
_____

S No. 50

2
x 9
_____

S No. 51

11
x 9
_____

S No. 52

20
x 9
_____

S No. 53

14
x 9
_____

S No. 54

17
x 9
_____

S No. 55

8
x 9
_____

S No. 56

7
x 9
_____

S No. 57

6
x 9
_____

S No. 58

16
x 9
_____

S No. 59

12
x 9
_____

S No. 60

17
x 9
_____

Multiplication - (Digits 0 to 10)

S No. 61

7

x 9

_____

_____

S No. 62

20

x 9

_____

_____

S No. 63

18

x 9

_____

_____

S No. 64

12

x 9

_____

_____

S No. 65

20

x 9

_____

_____

S No. 66

0

x 9

_____

_____

S No. 67

11

x 9

_____

_____

S No. 68

17

x 9

_____

_____

S No. 69

15

x 9

_____

_____

S No. 70

11

x 9

_____

_____

S No. 71

4

x 9

_____

_____

S No. 72

2

x 9

_____

_____

S No. 73

5

x 9

_____

_____

S No. 74

14

x 9

_____

_____

S No. 75

11

x 9

_____

_____

S No. 76

13

x 9

_____

_____

S No. 77

2

x 9

_____

_____

S No. 78

15

x 9

_____

_____

S No. 79

13

x 9

_____

_____

S No. 80

0

x 9

_____

_____

Multiplication - (Digits 0 to 10)

S No. 81

18
x 9
_____
_____

S No. 82

17
x 9
_____
_____

S No. 83

6
x 9
_____
_____

S No. 84

14
x 9
_____
_____

S No. 85

2
x 9
_____
_____

S No. 86

14
x 9
_____
_____

S No. 87

10
x 9
_____
_____

S No. 88

9
x 9
_____
_____

S No. 89

1
x 9
_____
_____

S No. 90

12
x 9
_____
_____

S No. 91

6
x 9
_____
_____

S No. 92

0
x 9
_____
_____

S No. 93

10
x 9
_____
_____

S No. 94

16
x 9
_____
_____

S No. 95

6
x 9
_____
_____

S No. 96

7
x 9
_____
_____

S No. 97

13
x 9
_____
_____

S No. 98

6
x 9
_____
_____

S No. 99

6
x 9
_____
_____

S No. 100

19
x 9
_____
_____

Multiplication - (Digits 0 to 10)

S No. 1

12

x 10

_____

_____

S No. 2

8

x 10

_____

_____

S No. 3

15

x 10

_____

_____

S No. 4

18

x 10

_____

_____

S No. 5

13

x 10

_____

_____

S No. 6

14

x 10

_____

_____

S No. 7

2

x 10

_____

_____

S No. 8

18

x 10

_____

_____

S No. 9

16

x 10

_____

_____

S No. 10

20

x 10

_____

_____

S No. 11

12

x 10

_____

_____

S No. 12

3

x 10

_____

_____

S No. 13

7

x 10

_____

_____

S No. 14

20

x 10

_____

_____

S No. 15

10

x 10

_____

_____

S No. 16

13

x 10

_____

_____

S No. 17

0

x 10

_____

_____

S No. 18

14

x 10

_____

_____

S No. 19

12

x 10

_____

_____

S No. 20

9

x 10

_____

_____

Multiplication - (Digits 0 to 10)

S No. 21	S No. 22	S No. 23	S No. 24
2	14	6	14
x 10	x 10	x 10	x 10

S No. 25	S No. 26	S No. 27	S No. 28
7	10	11	19
x 10	x 10	x 10	x 10

S No. 29	S No. 30	S No. 31	S No. 32
0	13	19	11
x 10	x 10	x 10	x 10

S No. 33	S No. 34	S No. 35	S No. 36
4	7	20	14
x 10	x 10	x 10	x 10

S No. 37	S No. 38	S No. 39	S No. 40
7	7	12	17
x 10	x 10	x 10	x 10

Multiplication - (Digits 0 to 10)

S No. 41	S No. 42	S No. 43	S No. 44
16	9	11	6
x 10	x 10	x 10	x 10

S No. 45	S No. 46	S No. 47	S No. 48
14	20	4	18
x 10	x 10	x 10	x 10

S No. 49	S No. 50	S No. 51	S No. 52
17	19	13	6
x 10	x 10	x 10	x 10

S No. 53	S No. 54	S No. 55	S No. 56
19	14	16	13
x 10	x 10	x 10	x 10

S No. 57	S No. 58	S No. 59	S No. 60
0	12	17	1
x 10	x 10	x 10	x 10

Multiplication - (Digits 0 to 10)

S No. 61

15
x 10
_____

S No. 62

13
x 10
_____

S No. 63

20
x 10
_____

S No. 64

13
x 10
_____

S No. 65

6
x 10
_____

S No. 66

15
x 10
_____

S No. 67

19
x 10
_____

S No. 68

10
x 10
_____

S No. 69

3
x 10
_____

S No. 70

3
x 10
_____

S No. 71

9
x 10
_____

S No. 72

2
x 10
_____

S No. 73

8
x 10
_____

S No. 74

18
x 10
_____

S No. 75

8
x 10
_____

S No. 76

1
x 10
_____

S No. 77

12
x 10
_____

S No. 78

12
x 10
_____

S No. 79

14
x 10
_____

S No. 80

1
x 10
_____

Multiplication - (Digits 0 to 10)

S No. 81	S No. 82	S No. 83	S No. 84
18 x 10	8 x 10	12 x 10	14 x 10

S No. 85	S No. 86	S No. 87	S No. 88
9 x 10	18 x 10	14 x 10	14 x 10

S No. 89	S No. 90	S No. 91	S No. 92
19 x 10	20 x 10	0 x 10	16 x 10

S No. 93	S No. 94	S No. 95	S No. 96
19 x 10	16 x 10	11 x 10	13 x 10

S No. 97	S No. 98	S No. 99	S No. 100
14 x 10	1 x 10	12 x 10	3 x 10

Answers

Page No: 1, SL.No: 1, Ans: 0

Page No: 1, SL.No: 12, Ans: 13

Page No: 2, SL.No: 23, Ans: 6

Page No: 2, SL.No: 34, Ans: 2

Page No: 1, SL.No: 2, Ans: 5

Page No: 1, SL.No: 13, Ans: 15

Page No: 2, SL.No: 24, Ans: 0

Page No: 2, SL.No: 35, Ans: 0

Page No: 1, SL.No: 3, Ans: 0

Page No: 1, SL.No: 14, Ans: 0

Page No: 2, SL.No: 25, Ans: 1

Page No: 2, SL.No: 36, Ans: 18

Page No: 1, SL.No: 4, Ans: 0

Page No: 1, SL.No: 15, Ans: 11

Page No: 2, SL.No: 26, Ans: 0

Page No: 2, SL.No: 37, Ans: 0

Page No: 1, SL.No: 5, Ans: 0

Page No: 1, SL.No: 16, Ans: 0

Page No: 2, SL.No: 27, Ans: 0

Page No: 2, SL.No: 38, Ans: 2

Page No: 1, SL.No: 6, Ans: 0

Page No: 1, SL.No: 17, Ans: 0

Page No: 2, SL.No: 28, Ans: 11

Page No: 2, SL.No: 39, Ans: 8

Page No: 1, SL.No: 7, Ans: 0

Page No: 1, SL.No: 18, Ans: 0

Page No: 2, SL.No: 29, Ans: 0

Page No: 2, SL.No: 40, Ans: 19

Page No: 1, SL.No: 8, Ans: 0

Page No: 1, SL.No: 19, Ans: 0

Page No: 2, SL.No: 30, Ans: 20

Page No: 3, SL.No: 41, Ans: 0

Page No: 1, SL.No: 9, Ans: 0

Page No: 1, SL.No: 20, Ans: 0

Page No: 2, SL.No: 31, Ans: 3

Page No: 3, SL.No: 42, Ans: 5

Page No: 1, SL.No: 10, Ans: 2

Page No: 2, SL.No: 21, Ans: 5

Page No: 2, SL.No: 32, Ans: 0

Page No: 3, SL.No: 43, Ans: 16

Page No: 1, SL.No: 11, Ans: 0

Page No: 2, SL.No: 22, Ans: 0

Page No: 2, SL.No: 33, Ans: 9

Page No: 3, SL.No: 44, Ans: 18

Answers

Page No: 3, SL.No: 45, Ans: 0

Page No: 3, SL.No: 56, Ans: 17

Page No: 4, SL.No: 67, Ans: 0

Page No: 4, SL.No: 78, Ans: 0

Page No: 3, SL.No: 46, Ans: 0

Page No: 3, SL.No: 57, Ans: 0

Page No: 4, SL.No: 68, Ans: 0

Page No: 4, SL.No: 79, Ans: 9

Page No: 3, SL.No: 47, Ans: 0

Page No: 3, SL.No: 58, Ans: 0

Page No: 4, SL.No: 69, Ans: 0

Page No: 4, SL.No: 80, Ans: 1

Page No: 3, SL.No: 48, Ans: 4

Page No: 3, SL.No: 59, Ans: 0

Page No: 4, SL.No: 70, Ans: 0

Page No: 5, SL.No: 81, Ans: 0

Page No: 3, SL.No: 49, Ans: 10

Page No: 3, SL.No: 60, Ans: 0

Page No: 4, SL.No: 71, Ans: 4

Page No: 5, SL.No: 82, Ans: 0

Page No: 3, SL.No: 50, Ans: 4

Page No: 4, SL.No: 61, Ans: 0

Page No: 4, SL.No: 72, Ans: 15

Page No: 5, SL.No: 83, Ans: 6

Page No: 3, SL.No: 51, Ans: 4

Page No: 4, SL.No: 62, Ans: 10

Page No: 4, SL.No: 73, Ans: 0

Page No: 5, SL.No: 84, Ans: 16

Page No: 3, SL.No: 52, Ans: 0

Page No: 4, SL.No: 63, Ans: 0

Page No: 4, SL.No: 74, Ans: 0

Page No: 5, SL.No: 85, Ans: 7

Page No: 3, SL.No: 53, Ans: 4

Page No: 4, SL.No: 64, Ans: 13

Page No: 4, SL.No: 75, Ans: 7

Page No: 5, SL.No: 86, Ans: 0

Page No: 3, SL.No: 54, Ans: 16

Page No: 4, SL.No: 65, Ans: 0

Page No: 4, SL.No: 76, Ans: 0

Page No: 5, SL.No: 87, Ans: 0

Page No: 3, SL.No: 55, Ans: 0

Page No: 4, SL.No: 66, Ans: 6

Page No: 4, SL.No: 77, Ans: 18

Page No: 5, SL.No: 88, Ans: 0

Answers

Page No: 5, SL.No: 89, Ans: 10

Page No: 5, SL.No: 90, Ans: 19

Page No: 5, SL.No: 91, Ans: 3

Page No: 5, SL.No: 92, Ans: 13

Page No: 5, SL.No: 93, Ans: 0

Page No: 5, SL.No: 94, Ans: 0

Page No: 5, SL.No: 95, Ans: 0

Page No: 5, SL.No: 96, Ans: 13

Page No: 5, SL.No: 97, Ans: 18

Page No: 5, SL.No: 98, Ans: 14

Page No: 5, SL.No: 99, Ans: 0

Page No: 5, SL.No: 100, Ans: 0

Page No: 6, SL.No: 1, Ans: 36

Page No: 6, SL.No: 2, Ans: 10

Page No: 6, SL.No: 3, Ans: 32

Page No: 6, SL.No: 4, Ans: 32

Page No: 6, SL.No: 5, Ans: 24

Page No: 6, SL.No: 6, Ans: 38

Page No: 6, SL.No: 7, Ans: 12

Page No: 6, SL.No: 8, Ans: 38

Page No: 6, SL.No: 9, Ans: 28

Page No: 6, SL.No: 10, Ans: 10

Page No: 6, SL.No: 11, Ans: 22

Page No: 6, SL.No: 12, Ans: 6

Page No: 6, SL.No: 13, Ans: 24

Page No: 6, SL.No: 14, Ans: 0

Page No: 6, SL.No: 15, Ans: 2

Page No: 6, SL.No: 16, Ans: 26

Page No: 6, SL.No: 17, Ans: 20

Page No: 6, SL.No: 18, Ans: 22

Page No: 6, SL.No: 19, Ans: 14

Page No: 6, SL.No: 20, Ans: 30

Page No: 7, SL.No: 21, Ans: 34

Page No: 7, SL.No: 22, Ans: 38

Page No: 7, SL.No: 23, Ans: 14

Page No: 7, SL.No: 24, Ans: 36

Page No: 7, SL.No: 25, Ans: 0

Page No: 7, SL.No: 26, Ans: 22

Page No: 7, SL.No: 27, Ans: 38

Page No: 7, SL.No: 28, Ans: 4

Page No: 7, SL.No: 29, Ans: 20

Page No: 7, SL.No: 30, Ans: 18

Page No: 7, SL.No: 31, Ans: 10

Page No: 7, SL.No: 32, Ans: 4

Answers

Page No: 7, SL.No: 33, Ans: 30

Page No: 7, SL.No: 34, Ans: 16

Page No: 7, SL.No: 35, Ans: 6

Page No: 7, SL.No: 36, Ans: 2

Page No: 7, SL.No: 37, Ans: 14

Page No: 7, SL.No: 38, Ans: 22

Page No: 7, SL.No: 39, Ans: 0

Page No: 7, SL.No: 40, Ans: 10

Page No: 8, SL.No: 41, Ans: 22

Page No: 8, SL.No: 42, Ans: 18

Page No: 8, SL.No: 43, Ans: 24

Page No: 8, SL.No: 44, Ans: 0

Page No: 8, SL.No: 45, Ans: 8

Page No: 8, SL.No: 46, Ans: 22

Page No: 8, SL.No: 47, Ans: 4

Page No: 8, SL.No: 48, Ans: 28

Page No: 8, SL.No: 49, Ans: 12

Page No: 8, SL.No: 50, Ans: 38

Page No: 8, SL.No: 51, Ans: 34

Page No: 8, SL.No: 52, Ans: 36

Page No: 8, SL.No: 53, Ans: 4

Page No: 8, SL.No: 54, Ans: 8

Page No: 8, SL.No: 55, Ans: 16

Page No: 8, SL.No: 56, Ans: 26

Page No: 8, SL.No: 57, Ans: 28

Page No: 8, SL.No: 58, Ans: 32

Page No: 8, SL.No: 59, Ans: 16

Page No: 8, SL.No: 60, Ans: 14

Page No: 9, SL.No: 61, Ans: 36

Page No: 9, SL.No: 62, Ans: 38

Page No: 9, SL.No: 63, Ans: 14

Page No: 9, SL.No: 64, Ans: 38

Page No: 9, SL.No: 65, Ans: 0

Page No: 9, SL.No: 66, Ans: 2

Page No: 9, SL.No: 67, Ans: 10

Page No: 9, SL.No: 68, Ans: 4

Page No: 9, SL.No: 69, Ans: 14

Page No: 9, SL.No: 70, Ans: 22

Page No: 9, SL.No: 71, Ans: 34

Page No: 9, SL.No: 72, Ans: 26

Page No: 9, SL.No: 73, Ans: 2

Page No: 9, SL.No: 74, Ans: 22

Page No: 9, SL.No: 75, Ans: 6

Page No: 9, SL.No: 76, Ans: 38

Answers

Page No: 9, SL.No: 77, Ans: 2

Page No: 9, SL.No: 78, Ans: 4

Page No: 9, SL.No: 79, Ans: 8

Page No: 9, SL.No: 80, Ans: 38

Page No: 10, SL.No: 81, Ans: 20

Page No: 10, SL.No: 82, Ans: 12

Page No: 10, SL.No: 83, Ans: 0

Page No: 10, SL.No: 84, Ans: 10

Page No: 10, SL.No: 85, Ans: 10

Page No: 10, SL.No: 86, Ans: 20

Page No: 10, SL.No: 87, Ans: 8

Page No: 10, SL.No: 88, Ans: 32

Page No: 10, SL.No: 89, Ans: 24

Page No: 10, SL.No: 90, Ans: 40

Page No: 10, SL.No: 91, Ans: 12

Page No: 10, SL.No: 92, Ans: 12

Page No: 10, SL.No: 93, Ans: 26

Page No: 10, SL.No: 94, Ans: 38

Page No: 10, SL.No: 95, Ans: 16

Page No: 10, SL.No: 96, Ans: 34

Page No: 10, SL.No: 97, Ans: 26

Page No: 10, SL.No: 98, Ans: 12

Page No: 10, SL.No: 99, Ans: 8

Page No: 10, SL.No: 100, Ans: 40

Page No: 11, SL.No: 1, Ans: 18

Page No: 11, SL.No: 2, Ans: 18

Page No: 11, SL.No: 3, Ans: 3

Page No: 11, SL.No: 4, Ans: 39

Page No: 11, SL.No: 5, Ans: 21

Page No: 11, SL.No: 6, Ans: 12

Page No: 11, SL.No: 7, Ans: 24

Page No: 11, SL.No: 8, Ans: 24

Page No: 11, SL.No: 9, Ans: 12

Page No: 11, SL.No: 10, Ans: 27

Page No: 11, SL.No: 11, Ans: 3

Page No: 11, SL.No: 12, Ans: 60

Page No: 11, SL.No: 13, Ans: 33

Page No: 11, SL.No: 14, Ans: 39

Page No: 11, SL.No: 15, Ans: 48

Page No: 11, SL.No: 16, Ans: 42

Page No: 11, SL.No: 17, Ans: 21

Page No: 11, SL.No: 18, Ans: 30

Page No: 11, SL.No: 19, Ans: 0

Page No: 11, SL.No: 20, Ans: 9

Answers

Page No: 12, SL.No: 21, Ans: 42   Page No: 12, SL.No: 32, Ans: 3   Page No: 13, SL.No: 43, Ans: 18   Page No: 13, SL.No: 54, Ans: 45

Page No: 12, SL.No: 22, Ans: 42   Page No: 12, SL.No: 33, Ans: 6   Page No: 13, SL.No: 44, Ans: 54   Page No: 13, SL.No: 55, Ans: 18

Page No: 12, SL.No: 23, Ans: 30   Page No: 12, SL.No: 34, Ans: 15   Page No: 13, SL.No: 45, Ans: 33   Page No: 13, SL.No: 56, Ans: 54

Page No: 12, SL.No: 24, Ans: 18   Page No: 12, SL.No: 35, Ans: 24   Page No: 13, SL.No: 46, Ans: 48   Page No: 13, SL.No: 57, Ans: 24

Page No: 12, SL.No: 25, Ans: 51   Page No: 12, SL.No: 36, Ans: 60   Page No: 13, SL.No: 47, Ans: 15   Page No: 13, SL.No: 58, Ans: 42

Page No: 12, SL.No: 26, Ans: 30   Page No: 12, SL.No: 37, Ans: 30   Page No: 13, SL.No: 48, Ans: 12   Page No: 13, SL.No: 59, Ans: 48

Page No: 12, SL.No: 27, Ans: 15   Page No: 12, SL.No: 38, Ans: 3   Page No: 13, SL.No: 49, Ans: 12   Page No: 13, SL.No: 60, Ans: 48

Page No: 12, SL.No: 28, Ans: 15   Page No: 12, SL.No: 39, Ans: 21   Page No: 13, SL.No: 50, Ans: 21   Page No: 14, SL.No: 61, Ans: 18

Page No: 12, SL.No: 29, Ans: 60   Page No: 12, SL.No: 40, Ans: 9   Page No: 13, SL.No: 51, Ans: 15   Page No: 14, SL.No: 62, Ans: 3

Page No: 12, SL.No: 30, Ans: 18   Page No: 13, SL.No: 41, Ans: 24   Page No: 13, SL.No: 52, Ans: 0   Page No: 14, SL.No: 63, Ans: 6

Page No: 12, SL.No: 31, Ans: 27   Page No: 13, SL.No: 42, Ans: 42   Page No: 13, SL.No: 53, Ans: 33   Page No: 14, SL.No: 64, Ans: 30

Answers

Page No: 14, SL.No: 65, Ans: 33   Page No: 14, SL.No: 76, Ans: 42   Page No: 15, SL.No: 87, Ans: 39   Page No: 15, SL.No: 98, Ans: 30

Page No: 14, SL.No: 66, Ans: 30   Page No: 14, SL.No: 77, Ans: 3   Page No: 15, SL.No: 88, Ans: 54   Page No: 15, SL.No: 99, Ans: 12

Page No: 14, SL.No: 67, Ans: 54   Page No: 14, SL.No: 78, Ans: 12   Page No: 15, SL.No: 89, Ans: 18   Page No: 15, SL.No: 100, Ans: 6

Page No: 14, SL.No: 68, Ans: 45   Page No: 14, SL.No: 79, Ans: 60   Page No: 15, SL.No: 90, Ans: 36   Page No: 16, SL.No: 1, Ans: 80

Page No: 14, SL.No: 69, Ans: 6   Page No: 14, SL.No: 80, Ans: 3   Page No: 15, SL.No: 91, Ans: 36   Page No: 16, SL.No: 2, Ans: 52

Page No: 14, SL.No: 70, Ans: 57   Page No: 15, SL.No: 81, Ans: 27   Page No: 15, SL.No: 92, Ans: 42   Page No: 16, SL.No: 3, Ans: 64

Page No: 14, SL.No: 71, Ans: 0   Page No: 15, SL.No: 82, Ans: 48   Page No: 15, SL.No: 93, Ans: 21   Page No: 16, SL.No: 4, Ans: 68

Page No: 14, SL.No: 72, Ans: 0   Page No: 15, SL.No: 83, Ans: 24   Page No: 15, SL.No: 94, Ans: 18   Page No: 16, SL.No: 5, Ans: 36

Page No: 14, SL.No: 73, Ans: 45   Page No: 15, SL.No: 84, Ans: 3   Page No: 15, SL.No: 95, Ans: 39   Page No: 16, SL.No: 6, Ans: 24

Page No: 14, SL.No: 74, Ans: 6   Page No: 15, SL.No: 85, Ans: 15   Page No: 15, SL.No: 96, Ans: 24   Page No: 16, SL.No: 7, Ans: 40

Page No: 14, SL.No: 75, Ans: 36   Page No: 15, SL.No: 86, Ans: 9   Page No: 15, SL.No: 97, Ans: 30   Page No: 16, SL.No: 8, Ans: 48

Answers

Page No: 16, SL.No: 9, Ans: 60

Page No: 16, SL.No: 20, Ans: 32

Page No: 17, SL.No: 31, Ans: 0

Page No: 18, SL.No: 42, Ans: 56

Page No: 16, SL.No: 10, Ans: 36

Page No: 17, SL.No: 21, Ans: 36

Page No: 17, SL.No: 32, Ans: 56

Page No: 18, SL.No: 43, Ans: 16

Page No: 16, SL.No: 11, Ans: 56

Page No: 17, SL.No: 22, Ans: 28

Page No: 17, SL.No: 33, Ans: 56

Page No: 18, SL.No: 44, Ans: 48

Page No: 16, SL.No: 12, Ans: 56

Page No: 17, SL.No: 23, Ans: 44

Page No: 17, SL.No: 34, Ans: 48

Page No: 18, SL.No: 45, Ans: 28

Page No: 16, SL.No: 13, Ans: 56

Page No: 17, SL.No: 24, Ans: 16

Page No: 17, SL.No: 35, Ans: 4

Page No: 18, SL.No: 46, Ans: 4

Page No: 16, SL.No: 14, Ans: 60

Page No: 17, SL.No: 25, Ans: 32

Page No: 17, SL.No: 36, Ans: 16

Page No: 18, SL.No: 47, Ans: 40

Page No: 16, SL.No: 15, Ans: 0

Page No: 17, SL.No: 26, Ans: 76

Page No: 17, SL.No: 37, Ans: 68

Page No: 18, SL.No: 48, Ans: 28

Page No: 16, SL.No: 16, Ans: 56

Page No: 17, SL.No: 27, Ans: 28

Page No: 17, SL.No: 38, Ans: 52

Page No: 18, SL.No: 49, Ans: 28

Page No: 16, SL.No: 17, Ans: 24

Page No: 17, SL.No: 28, Ans: 24

Page No: 17, SL.No: 39, Ans: 4

Page No: 18, SL.No: 50, Ans: 72

Page No: 16, SL.No: 18, Ans: 32

Page No: 17, SL.No: 29, Ans: 12

Page No: 17, SL.No: 40, Ans: 60

Page No: 18, SL.No: 51, Ans: 0

Page No: 16, SL.No: 19, Ans: 68

Page No: 17, SL.No: 30, Ans: 16

Page No: 18, SL.No: 41, Ans: 76

Page No: 18, SL.No: 52, Ans: 48

Answers

Page No: 18, SL.No: 53, Ans: 40

Page No: 18, SL.No: 54, Ans: 4

Page No: 18, SL.No: 55, Ans: 48

Page No: 18, SL.No: 56, Ans: 76

Page No: 18, SL.No: 57, Ans: 4

Page No: 18, SL.No: 58, Ans: 28

Page No: 18, SL.No: 59, Ans: 32

Page No: 18, SL.No: 60, Ans: 16

Page No: 19, SL.No: 61, Ans: 60

Page No: 19, SL.No: 62, Ans: 44

Page No: 19, SL.No: 63, Ans: 36

Page No: 19, SL.No: 64, Ans: 4

Page No: 19, SL.No: 65, Ans: 20

Page No: 19, SL.No: 66, Ans: 8

Page No: 19, SL.No: 67, Ans: 12

Page No: 19, SL.No: 68, Ans: 36

Page No: 19, SL.No: 69, Ans: 44

Page No: 19, SL.No: 70, Ans: 16

Page No: 19, SL.No: 71, Ans: 12

Page No: 19, SL.No: 72, Ans: 20

Page No: 19, SL.No: 73, Ans: 80

Page No: 19, SL.No: 74, Ans: 8

Page No: 19, SL.No: 75, Ans: 16

Page No: 19, SL.No: 76, Ans: 44

Page No: 19, SL.No: 77, Ans: 16

Page No: 19, SL.No: 78, Ans: 56

Page No: 19, SL.No: 79, Ans: 80

Page No: 19, SL.No: 80, Ans: 52

Page No: 20, SL.No: 81, Ans: 60

Page No: 20, SL.No: 82, Ans: 68

Page No: 20, SL.No: 83, Ans: 40

Page No: 20, SL.No: 84, Ans: 28

Page No: 20, SL.No: 85, Ans: 68

Page No: 20, SL.No: 86, Ans: 72

Page No: 20, SL.No: 87, Ans: 72

Page No: 20, SL.No: 88, Ans: 0

Page No: 20, SL.No: 89, Ans: 24

Page No: 20, SL.No: 90, Ans: 20

Page No: 20, SL.No: 91, Ans: 20

Page No: 20, SL.No: 92, Ans: 24

Page No: 20, SL.No: 93, Ans: 48

Page No: 20, SL.No: 94, Ans: 20

Page No: 20, SL.No: 95, Ans: 0

Page No: 20, SL.No: 96, Ans: 52

Answers

Page No: 20, SL.No: 97, Ans: 28

Page No: 20, SL.No: 98, Ans: 56

Page No: 20, SL.No: 99, Ans: 12

Page No: 20, SL.No: 100, Ans: 12

Page No: 21, SL.No: 1, Ans: 80

Page No: 21, SL.No: 2, Ans: 20

Page No: 21, SL.No: 3, Ans: 90

Page No: 21, SL.No: 4, Ans: 40

Page No: 21, SL.No: 5, Ans: 55

Page No: 21, SL.No: 6, Ans: 20

Page No: 21, SL.No: 7, Ans: 60

Page No: 21, SL.No: 8, Ans: 65

Page No: 21, SL.No: 9, Ans: 25

Page No: 21, SL.No: 10, Ans: 0

Page No: 21, SL.No: 11, Ans: 65

Page No: 21, SL.No: 12, Ans: 90

Page No: 21, SL.No: 13, Ans: 40

Page No: 21, SL.No: 14, Ans: 70

Page No: 21, SL.No: 15, Ans: 90

Page No: 21, SL.No: 16, Ans: 0

Page No: 21, SL.No: 17, Ans: 60

Page No: 21, SL.No: 18, Ans: 95

Page No: 21, SL.No: 19, Ans: 80

Page No: 21, SL.No: 20, Ans: 20

Page No: 22, SL.No: 21, Ans: 70

Page No: 22, SL.No: 22, Ans: 40

Page No: 22, SL.No: 23, Ans: 35

Page No: 22, SL.No: 24, Ans: 70

Page No: 22, SL.No: 25, Ans: 50

Page No: 22, SL.No: 26, Ans: 60

Page No: 22, SL.No: 27, Ans: 0

Page No: 22, SL.No: 28, Ans: 40

Page No: 22, SL.No: 29, Ans: 30

Page No: 22, SL.No: 30, Ans: 25

Page No: 22, SL.No: 31, Ans: 30

Page No: 22, SL.No: 32, Ans: 10

Page No: 22, SL.No: 33, Ans: 80

Page No: 22, SL.No: 34, Ans: 65

Page No: 22, SL.No: 35, Ans: 55

Page No: 22, SL.No: 36, Ans: 80

Page No: 22, SL.No: 37, Ans: 95

Page No: 22, SL.No: 38, Ans: 40

Page No: 22, SL.No: 39, Ans: 65

Page No: 22, SL.No: 40, Ans: 15

Answers

Page No: 23, SL.No: 41, Ans: 5

Page No: 23, SL.No: 52, Ans: 70

Page No: 24, SL.No: 63, Ans: 35

Page No: 24, SL.No: 74, Ans: 50

Page No: 23, SL.No: 42, Ans: 45

Page No: 23, SL.No: 53, Ans: 40

Page No: 24, SL.No: 64, Ans: 70

Page No: 24, SL.No: 75, Ans: 65

Page No: 23, SL.No: 43, Ans: 30

Page No: 23, SL.No: 54, Ans: 10

Page No: 24, SL.No: 65, Ans: 90

Page No: 24, SL.No: 76, Ans: 40

Page No: 23, SL.No: 44, Ans: 30

Page No: 23, SL.No: 55, Ans: 0

Page No: 24, SL.No: 66, Ans: 90

Page No: 24, SL.No: 77, Ans: 35

Page No: 23, SL.No: 45, Ans: 55

Page No: 23, SL.No: 56, Ans: 90

Page No: 24, SL.No: 67, Ans: 55

Page No: 24, SL.No: 78, Ans: 5

Page No: 23, SL.No: 46, Ans: 85

Page No: 23, SL.No: 57, Ans: 80

Page No: 24, SL.No: 68, Ans: 15

Page No: 24, SL.No: 79, Ans: 5

Page No: 23, SL.No: 47, Ans: 30

Page No: 23, SL.No: 58, Ans: 70

Page No: 24, SL.No: 69, Ans: 5

Page No: 24, SL.No: 80, Ans: 40

Page No: 23, SL.No: 48, Ans: 100

Page No: 23, SL.No: 59, Ans: 80

Page No: 24, SL.No: 70, Ans: 70

Page No: 25, SL.No: 81, Ans: 25

Page No: 23, SL.No: 49, Ans: 50

Page No: 23, SL.No: 60, Ans: 90

Page No: 24, SL.No: 71, Ans: 95

Page No: 25, SL.No: 82, Ans: 30

Page No: 23, SL.No: 50, Ans: 35

Page No: 24, SL.No: 61, Ans: 80

Page No: 24, SL.No: 72, Ans: 80

Page No: 25, SL.No: 83, Ans: 40

Page No: 23, SL.No: 51, Ans: 85

Page No: 24, SL.No: 62, Ans: 5

Page No: 24, SL.No: 73, Ans: 40

Page No: 25, SL.No: 84, Ans: 100

Answers

Page No: 25, SL.No: 85, Ans: 5

Page No: 25, SL.No: 96, Ans: 40

Page No: 26, SL.No: 7, Ans: 30

Page No: 26, SL.No: 18, Ans: 114

Page No: 25, SL.No: 86, Ans: 5

Page No: 25, SL.No: 97, Ans: 65

Page No: 26, SL.No: 8, Ans: 42

Page No: 26, SL.No: 19, Ans: 108

Page No: 25, SL.No: 87, Ans: 80

Page No: 25, SL.No: 98, Ans: 75

Page No: 26, SL.No: 9, Ans: 90

Page No: 26, SL.No: 20, Ans: 90

Page No: 25, SL.No: 88, Ans: 0

Page No: 25, SL.No: 99, Ans: 15

Page No: 26, SL.No: 10, Ans: 66

Page No: 27, SL.No: 21, Ans: 30

Page No: 25, SL.No: 89, Ans: 100

Page No: 25, SL.No: 100, Ans: 95

Page No: 26, SL.No: 11, Ans: 18

Page No: 27, SL.No: 22, Ans: 120

Page No: 25, SL.No: 90, Ans: 70

Page No: 26, SL.No: 1, Ans: 18

Page No: 26, SL.No: 12, Ans: 90

Page No: 27, SL.No: 23, Ans: 78

Page No: 25, SL.No: 91, Ans: 15

Page No: 26, SL.No: 2, Ans: 120

Page No: 26, SL.No: 13, Ans: 18

Page No: 27, SL.No: 24, Ans: 30

Page No: 25, SL.No: 92, Ans: 55

Page No: 26, SL.No: 3, Ans: 78

Page No: 26, SL.No: 14, Ans: 24

Page No: 27, SL.No: 25, Ans: 54

Page No: 25, SL.No: 93, Ans: 85

Page No: 26, SL.No: 4, Ans: 12

Page No: 26, SL.No: 15, Ans: 42

Page No: 27, SL.No: 26, Ans: 60

Page No: 25, SL.No: 94, Ans: 35

Page No: 26, SL.No: 5, Ans: 6

Page No: 26, SL.No: 16, Ans: 108

Page No: 27, SL.No: 27, Ans: 42

Page No: 25, SL.No: 95, Ans: 60

Page No: 26, SL.No: 6, Ans: 120

Page No: 26, SL.No: 17, Ans: 108

Page No: 27, SL.No: 28, Ans: 30

Answers

Page No: 27, SL.No: 29, Ans: 72

Page No: 27, SL.No: 40, Ans: 120

Page No: 28, SL.No: 51, Ans: 108

Page No: 29, SL.No: 62, Ans: 66

Page No: 27, SL.No: 30, Ans: 72

Page No: 28, SL.No: 41, Ans: 114

Page No: 28, SL.No: 52, Ans: 72

Page No: 29, SL.No: 63, Ans: 24

Page No: 27, SL.No: 31, Ans: 96

Page No: 28, SL.No: 42, Ans: 54

Page No: 28, SL.No: 53, Ans: 96

Page No: 29, SL.No: 64, Ans: 30

Page No: 27, SL.No: 32, Ans: 90

Page No: 28, SL.No: 43, Ans: 90

Page No: 28, SL.No: 54, Ans: 30

Page No: 29, SL.No: 65, Ans: 6

Page No: 27, SL.No: 33, Ans: 6

Page No: 28, SL.No: 44, Ans: 6

Page No: 28, SL.No: 55, Ans: 48

Page No: 29, SL.No: 66, Ans: 36

Page No: 27, SL.No: 34, Ans: 12

Page No: 28, SL.No: 45, Ans: 66

Page No: 28, SL.No: 56, Ans: 114

Page No: 29, SL.No: 67, Ans: 66

Page No: 27, SL.No: 35, Ans: 96

Page No: 28, SL.No: 46, Ans: 78

Page No: 28, SL.No: 57, Ans: 36

Page No: 29, SL.No: 68, Ans: 48

Page No: 27, SL.No: 36, Ans: 114

Page No: 28, SL.No: 47, Ans: 96

Page No: 28, SL.No: 58, Ans: 0

Page No: 29, SL.No: 69, Ans: 60

Page No: 27, SL.No: 37, Ans: 42

Page No: 28, SL.No: 48, Ans: 6

Page No: 28, SL.No: 59, Ans: 0

Page No: 29, SL.No: 70, Ans: 60

Page No: 27, SL.No: 38, Ans: 120

Page No: 28, SL.No: 49, Ans: 0

Page No: 28, SL.No: 60, Ans: 54

Page No: 29, SL.No: 71, Ans: 102

Page No: 27, SL.No: 39, Ans: 114

Page No: 28, SL.No: 50, Ans: 6

Page No: 29, SL.No: 61, Ans: 102

Page No: 29, SL.No: 72, Ans: 90

Answers

Page No: 29, SL.No: 73, Ans: 66

Page No: 30, SL.No: 84, Ans: 102

Page No: 30, SL.No: 95, Ans: 120

Page No: 31, SL.No: 6, Ans: 0

Page No: 29, SL.No: 74, Ans: 54

Page No: 30, SL.No: 85, Ans: 72

Page No: 30, SL.No: 96, Ans: 48

Page No: 31, SL.No: 7, Ans: 98

Page No: 29, SL.No: 75, Ans: 0

Page No: 30, SL.No: 86, Ans: 0

Page No: 30, SL.No: 97, Ans: 6

Page No: 31, SL.No: 8, Ans: 28

Page No: 29, SL.No: 76, Ans: 84

Page No: 30, SL.No: 87, Ans: 84

Page No: 30, SL.No: 98, Ans: 6

Page No: 31, SL.No: 9, Ans: 49

Page No: 29, SL.No: 77, Ans: 108

Page No: 30, SL.No: 88, Ans: 0

Page No: 30, SL.No: 99, Ans: 114

Page No: 31, SL.No: 10, Ans: 112

Page No: 29, SL.No: 78, Ans: 84

Page No: 30, SL.No: 89, Ans: 18

Page No: 30, SL.No: 100, Ans: 48

Page No: 31, SL.No: 11, Ans: 133

Page No: 29, SL.No: 79, Ans: 108

Page No: 30, SL.No: 90, Ans: 36

Page No: 31, SL.No: 1, Ans: 7

Page No: 31, SL.No: 12, Ans: 70

Page No: 29, SL.No: 80, Ans: 78

Page No: 30, SL.No: 91, Ans: 60

Page No: 31, SL.No: 2, Ans: 21

Page No: 31, SL.No: 13, Ans: 133

Page No: 30, SL.No: 81, Ans: 42

Page No: 30, SL.No: 92, Ans: 12

Page No: 31, SL.No: 3, Ans: 119

Page No: 31, SL.No: 14, Ans: 70

Page No: 30, SL.No: 82, Ans: 60

Page No: 30, SL.No: 93, Ans: 0

Page No: 31, SL.No: 4, Ans: 42

Page No: 31, SL.No: 15, Ans: 49

Page No: 30, SL.No: 83, Ans: 6

Page No: 30, SL.No: 94, Ans: 108

Page No: 31, SL.No: 5, Ans: 84

Page No: 31, SL.No: 16, Ans: 105

Answers

Page No: 31, SL.No: 17, Ans: 84

Page No: 32, SL.No: 28, Ans: 70

Page No: 32, SL.No: 39, Ans: 112

Page No: 33, SL.No: 50, Ans: 28

Page No: 31, SL.No: 18, Ans: 14

Page No: 32, SL.No: 29, Ans: 28

Page No: 32, SL.No: 40, Ans: 14

Page No: 33, SL.No: 51, Ans: 42

Page No: 31, SL.No: 19, Ans: 70

Page No: 32, SL.No: 30, Ans: 84

Page No: 33, SL.No: 41, Ans: 7

Page No: 33, SL.No: 52, Ans: 98

Page No: 31, SL.No: 20, Ans: 42

Page No: 32, SL.No: 31, Ans: 7

Page No: 33, SL.No: 42, Ans: 133

Page No: 33, SL.No: 53, Ans: 77

Page No: 32, SL.No: 21, Ans: 140

Page No: 32, SL.No: 32, Ans: 105

Page No: 33, SL.No: 43, Ans: 112

Page No: 33, SL.No: 54, Ans: 21

Page No: 32, SL.No: 22, Ans: 21

Page No: 32, SL.No: 33, Ans: 70

Page No: 33, SL.No: 44, Ans: 56

Page No: 33, SL.No: 55, Ans: 35

Page No: 32, SL.No: 23, Ans: 70

Page No: 32, SL.No: 34, Ans: 105

Page No: 33, SL.No: 45, Ans: 56

Page No: 33, SL.No: 56, Ans: 70

Page No: 32, SL.No: 24, Ans: 7

Page No: 32, SL.No: 35, Ans: 63

Page No: 33, SL.No: 46, Ans: 42

Page No: 33, SL.No: 57, Ans: 91

Page No: 32, SL.No: 25, Ans: 98

Page No: 32, SL.No: 36, Ans: 98

Page No: 33, SL.No: 47, Ans: 126

Page No: 33, SL.No: 58, Ans: 28

Page No: 32, SL.No: 26, Ans: 140

Page No: 32, SL.No: 37, Ans: 126

Page No: 33, SL.No: 48, Ans: 105

Page No: 33, SL.No: 59, Ans: 112

Page No: 32, SL.No: 27, Ans: 56

Page No: 32, SL.No: 38, Ans: 56

Page No: 33, SL.No: 49, Ans: 14

Page No: 33, SL.No: 60, Ans: 63

Answers

Page No: 34, SL.No: 61, Ans: 56

Page No: 34, SL.No: 72, Ans: 84

Page No: 35, SL.No: 83, Ans: 7

Page No: 35, SL.No: 94, Ans: 119

Page No: 34, SL.No: 62, Ans: 56

Page No: 34, SL.No: 73, Ans: 0

Page No: 35, SL.No: 84, Ans: 70

Page No: 35, SL.No: 95, Ans: 7

Page No: 34, SL.No: 63, Ans: 21

Page No: 34, SL.No: 74, Ans: 105

Page No: 35, SL.No: 85, Ans: 28

Page No: 35, SL.No: 96, Ans: 42

Page No: 34, SL.No: 64, Ans: 98

Page No: 34, SL.No: 75, Ans: 98

Page No: 35, SL.No: 86, Ans: 119

Page No: 35, SL.No: 97, Ans: 35

Page No: 34, SL.No: 65, Ans: 112

Page No: 34, SL.No: 76, Ans: 105

Page No: 35, SL.No: 87, Ans: 105

Page No: 35, SL.No: 98, Ans: 140

Page No: 34, SL.No: 66, Ans: 14

Page No: 34, SL.No: 77, Ans: 126

Page No: 35, SL.No: 88, Ans: 63

Page No: 35, SL.No: 99, Ans: 14

Page No: 34, SL.No: 67, Ans: 119

Page No: 34, SL.No: 78, Ans: 140

Page No: 35, SL.No: 89, Ans: 21

Page No: 35, SL.No: 100, Ans: 105

Page No: 34, SL.No: 68, Ans: 70

Page No: 34, SL.No: 79, Ans: 77

Page No: 35, SL.No: 90, Ans: 70

Page No: 36, SL.No: 1, Ans: 48

Page No: 34, SL.No: 69, Ans: 140

Page No: 34, SL.No: 80, Ans: 105

Page No: 35, SL.No: 91, Ans: 119

Page No: 36, SL.No: 2, Ans: 96

Page No: 34, SL.No: 70, Ans: 126

Page No: 35, SL.No: 81, Ans: 112

Page No: 35, SL.No: 92, Ans: 21

Page No: 36, SL.No: 3, Ans: 80

Page No: 34, SL.No: 71, Ans: 119

Page No: 35, SL.No: 82, Ans: 119

Page No: 35, SL.No: 93, Ans: 28

Page No: 36, SL.No: 4, Ans: 80

Answers

Page No: 36, SL.No: 5, Ans: 16

Page No: 36, SL.No: 16, Ans: 32

Page No: 37, SL.No: 27, Ans: 120

Page No: 37, SL.No: 38, Ans: 16

Page No: 36, SL.No: 6, Ans: 16

Page No: 36, SL.No: 17, Ans: 160

Page No: 37, SL.No: 28, Ans: 32

Page No: 37, SL.No: 39, Ans: 24

Page No: 36, SL.No: 7, Ans: 144

Page No: 36, SL.No: 18, Ans: 144

Page No: 37, SL.No: 29, Ans: 152

Page No: 37, SL.No: 40, Ans: 136

Page No: 36, SL.No: 8, Ans: 104

Page No: 36, SL.No: 19, Ans: 144

Page No: 37, SL.No: 30, Ans: 160

Page No: 38, SL.No: 41, Ans: 48

Page No: 36, SL.No: 9, Ans: 8

Page No: 36, SL.No: 20, Ans: 144

Page No: 37, SL.No: 31, Ans: 32

Page No: 38, SL.No: 42, Ans: 16

Page No: 36, SL.No: 10, Ans: 64

Page No: 37, SL.No: 21, Ans: 16

Page No: 37, SL.No: 32, Ans: 96

Page No: 38, SL.No: 43, Ans: 0

Page No: 36, SL.No: 11, Ans: 96

Page No: 37, SL.No: 22, Ans: 88

Page No: 37, SL.No: 33, Ans: 160

Page No: 38, SL.No: 44, Ans: 128

Page No: 36, SL.No: 12, Ans: 104

Page No: 37, SL.No: 23, Ans: 128

Page No: 37, SL.No: 34, Ans: 112

Page No: 38, SL.No: 45, Ans: 88

Page No: 36, SL.No: 13, Ans: 128

Page No: 37, SL.No: 24, Ans: 152

Page No: 37, SL.No: 35, Ans: 96

Page No: 38, SL.No: 46, Ans: 48

Page No: 36, SL.No: 14, Ans: 160

Page No: 37, SL.No: 25, Ans: 8

Page No: 37, SL.No: 36, Ans: 24

Page No: 38, SL.No: 47, Ans: 128

Page No: 36, SL.No: 15, Ans: 24

Page No: 37, SL.No: 26, Ans: 88

Page No: 37, SL.No: 37, Ans: 96

Page No: 38, SL.No: 48, Ans: 88

Answers

Page No: 38, SL.No: 49, Ans: 120

Page No: 38, SL.No: 60, Ans: 32

Page No: 39, SL.No: 71, Ans: 40

Page No: 40, SL.No: 82, Ans: 160

Page No: 38, SL.No: 50, Ans: 80

Page No: 39, SL.No: 61, Ans: 120

Page No: 39, SL.No: 72, Ans: 8

Page No: 40, SL.No: 83, Ans: 8

Page No: 38, SL.No: 51, Ans: 144

Page No: 39, SL.No: 62, Ans: 120

Page No: 39, SL.No: 73, Ans: 112

Page No: 40, SL.No: 84, Ans: 160

Page No: 38, SL.No: 52, Ans: 96

Page No: 39, SL.No: 63, Ans: 152

Page No: 39, SL.No: 74, Ans: 88

Page No: 40, SL.No: 85, Ans: 80

Page No: 38, SL.No: 53, Ans: 48

Page No: 39, SL.No: 64, Ans: 32

Page No: 39, SL.No: 75, Ans: 72

Page No: 40, SL.No: 86, Ans: 136

Page No: 38, SL.No: 54, Ans: 48

Page No: 39, SL.No: 65, Ans: 32

Page No: 39, SL.No: 76, Ans: 112

Page No: 40, SL.No: 87, Ans: 88

Page No: 38, SL.No: 55, Ans: 160

Page No: 39, SL.No: 66, Ans: 24

Page No: 39, SL.No: 77, Ans: 152

Page No: 40, SL.No: 88, Ans: 104

Page No: 38, SL.No: 56, Ans: 0

Page No: 39, SL.No: 67, Ans: 80

Page No: 39, SL.No: 78, Ans: 80

Page No: 40, SL.No: 89, Ans: 160

Page No: 38, SL.No: 57, Ans: 88

Page No: 39, SL.No: 68, Ans: 152

Page No: 39, SL.No: 79, Ans: 56

Page No: 40, SL.No: 90, Ans: 136

Page No: 38, SL.No: 58, Ans: 152

Page No: 39, SL.No: 69, Ans: 96

Page No: 39, SL.No: 80, Ans: 72

Page No: 40, SL.No: 91, Ans: 40

Page No: 38, SL.No: 59, Ans: 120

Page No: 39, SL.No: 70, Ans: 40

Page No: 40, SL.No: 81, Ans: 104

Page No: 40, SL.No: 92, Ans: 80

Answers

Page No: 40, SL.No: 93, Ans: 8

Page No: 41, SL.No: 4, Ans: 54

Page No: 41, SL.No: 15, Ans: 99

Page No: 42, SL.No: 26, Ans: 72

Page No: 40, SL.No: 94, Ans: 96

Page No: 41, SL.No: 5, Ans: 108

Page No: 41, SL.No: 16, Ans: 54

Page No: 42, SL.No: 27, Ans: 126

Page No: 40, SL.No: 95, Ans: 120

Page No: 41, SL.No: 6, Ans: 108

Page No: 41, SL.No: 17, Ans: 99

Page No: 42, SL.No: 28, Ans: 0

Page No: 40, SL.No: 96, Ans: 160

Page No: 41, SL.No: 7, Ans: 54

Page No: 41, SL.No: 18, Ans: 153

Page No: 42, SL.No: 29, Ans: 99

Page No: 40, SL.No: 97, Ans: 8

Page No: 41, SL.No: 8, Ans: 90

Page No: 41, SL.No: 19, Ans: 117

Page No: 42, SL.No: 30, Ans: 144

Page No: 40, SL.No: 98, Ans: 80

Page No: 41, SL.No: 9, Ans: 153

Page No: 41, SL.No: 20, Ans: 180

Page No: 42, SL.No: 31, Ans: 36

Page No: 40, SL.No: 99, Ans: 160

Page No: 41, SL.No: 10, Ans: 36

Page No: 42, SL.No: 21, Ans: 126

Page No: 42, SL.No: 32, Ans: 36

Page No: 40, SL.No: 100, Ans: 48

Page No: 41, SL.No: 11, Ans: 153

Page No: 42, SL.No: 22, Ans: 171

Page No: 42, SL.No: 33, Ans: 144

Page No: 41, SL.No: 1, Ans: 63

Page No: 41, SL.No: 12, Ans: 81

Page No: 42, SL.No: 23, Ans: 135

Page No: 42, SL.No: 34, Ans: 144

Page No: 41, SL.No: 2, Ans: 99

Page No: 41, SL.No: 13, Ans: 63

Page No: 42, SL.No: 24, Ans: 144

Page No: 42, SL.No: 35, Ans: 27

Page No: 41, SL.No: 3, Ans: 108

Page No: 41, SL.No: 14, Ans: 18

Page No: 42, SL.No: 25, Ans: 18

Page No: 42, SL.No: 36, Ans: 126

Answers

Page No: 42, SL.No: 37, Ans: 81

Page No: 43, SL.No: 48, Ans: 90

Page No: 43, SL.No: 59, Ans: 108

Page No: 44, SL.No: 70, Ans: 99

Page No: 42, SL.No: 38, Ans: 90

Page No: 43, SL.No: 49, Ans: 0

Page No: 43, SL.No: 60, Ans: 153

Page No: 44, SL.No: 71, Ans: 36

Page No: 42, SL.No: 39, Ans: 45

Page No: 43, SL.No: 50, Ans: 18

Page No: 44, SL.No: 61, Ans: 63

Page No: 44, SL.No: 72, Ans: 18

Page No: 42, SL.No: 40, Ans: 81

Page No: 43, SL.No: 51, Ans: 99

Page No: 44, SL.No: 62, Ans: 180

Page No: 44, SL.No: 73, Ans: 45

Page No: 43, SL.No: 41, Ans: 72

Page No: 43, SL.No: 52, Ans: 180

Page No: 44, SL.No: 63, Ans: 162

Page No: 44, SL.No: 74, Ans: 126

Page No: 43, SL.No: 42, Ans: 72

Page No: 43, SL.No: 53, Ans: 126

Page No: 44, SL.No: 64, Ans: 108

Page No: 44, SL.No: 75, Ans: 99

Page No: 43, SL.No: 43, Ans: 135

Page No: 43, SL.No: 54, Ans: 153

Page No: 44, SL.No: 65, Ans: 180

Page No: 44, SL.No: 76, Ans: 117

Page No: 43, SL.No: 44, Ans: 45

Page No: 43, SL.No: 55, Ans: 72

Page No: 44, SL.No: 66, Ans: 0

Page No: 44, SL.No: 77, Ans: 18

Page No: 43, SL.No: 45, Ans: 63

Page No: 43, SL.No: 56, Ans: 63

Page No: 44, SL.No: 67, Ans: 99

Page No: 44, SL.No: 78, Ans: 135

Page No: 43, SL.No: 46, Ans: 153

Page No: 43, SL.No: 57, Ans: 54

Page No: 44, SL.No: 68, Ans: 153

Page No: 44, SL.No: 79, Ans: 117

Page No: 43, SL.No: 47, Ans: 171

Page No: 43, SL.No: 58, Ans: 144

Page No: 44, SL.No: 69, Ans: 135

Page No: 44, SL.No: 80, Ans: 0

Answers

Page No: 45, SL.No: 81, Ans: 162

Page No: 45, SL.No: 92, Ans: 0

Page No: 46, SL.No: 3, Ans: 150

Page No: 46, SL.No: 14, Ans: 200

Page No: 45, SL.No: 82, Ans: 153

Page No: 45, SL.No: 93, Ans: 90

Page No: 46, SL.No: 4, Ans: 180

Page No: 46, SL.No: 15, Ans: 100

Page No: 45, SL.No: 83, Ans: 54

Page No: 45, SL.No: 94, Ans: 144

Page No: 46, SL.No: 5, Ans: 130

Page No: 46, SL.No: 16, Ans: 130

Page No: 45, SL.No: 84, Ans: 126

Page No: 45, SL.No: 95, Ans: 54

Page No: 46, SL.No: 6, Ans: 140

Page No: 46, SL.No: 17, Ans: 0

Page No: 45, SL.No: 85, Ans: 18

Page No: 45, SL.No: 96, Ans: 63

Page No: 46, SL.No: 7, Ans: 20

Page No: 46, SL.No: 18, Ans: 140

Page No: 45, SL.No: 86, Ans: 126

Page No: 45, SL.No: 97, Ans: 117

Page No: 46, SL.No: 8, Ans: 180

Page No: 46, SL.No: 19, Ans: 120

Page No: 45, SL.No: 87, Ans: 90

Page No: 45, SL.No: 98, Ans: 54

Page No: 46, SL.No: 9, Ans: 160

Page No: 46, SL.No: 20, Ans: 90

Page No: 45, SL.No: 88, Ans: 81

Page No: 45, SL.No: 99, Ans: 54

Page No: 46, SL.No: 10, Ans: 200

Page No: 47, SL.No: 21, Ans: 20

Page No: 45, SL.No: 89, Ans: 9

Page No: 45, SL.No: 100, Ans: 171

Page No: 46, SL.No: 11, Ans: 120

Page No: 47, SL.No: 22, Ans: 140

Page No: 45, SL.No: 90, Ans: 108

Page No: 46, SL.No: 1, Ans: 120

Page No: 46, SL.No: 12, Ans: 30

Page No: 47, SL.No: 23, Ans: 60

Page No: 45, SL.No: 91, Ans: 54

Page No: 46, SL.No: 2, Ans: 80

Page No: 46, SL.No: 13, Ans: 70

Page No: 47, SL.No: 24, Ans: 140

Answers

Page No: 47, SL.No: 25, Ans: 70

Page No: 47, SL.No: 36, Ans: 140

Page No: 48, SL.No: 47, Ans: 40

Page No: 48, SL.No: 58, Ans: 120

Page No: 47, SL.No: 26, Ans: 100

Page No: 47, SL.No: 37, Ans: 70

Page No: 48, SL.No: 48, Ans: 180

Page No: 48, SL.No: 59, Ans: 170

Page No: 47, SL.No: 27, Ans: 110

Page No: 47, SL.No: 38, Ans: 70

Page No: 48, SL.No: 49, Ans: 170

Page No: 48, SL.No: 60, Ans: 10

Page No: 47, SL.No: 28, Ans: 190

Page No: 47, SL.No: 39, Ans: 120

Page No: 48, SL.No: 50, Ans: 190

Page No: 49, SL.No: 61, Ans: 150

Page No: 47, SL.No: 29, Ans: 0

Page No: 47, SL.No: 40, Ans: 170

Page No: 48, SL.No: 51, Ans: 130

Page No: 49, SL.No: 62, Ans: 130

Page No: 47, SL.No: 30, Ans: 130

Page No: 48, SL.No: 41, Ans: 160

Page No: 48, SL.No: 52, Ans: 60

Page No: 49, SL.No: 63, Ans: 200

Page No: 47, SL.No: 31, Ans: 190

Page No: 48, SL.No: 42, Ans: 90

Page No: 48, SL.No: 53, Ans: 190

Page No: 49, SL.No: 64, Ans: 130

Page No: 47, SL.No: 32, Ans: 110

Page No: 48, SL.No: 43, Ans: 110

Page No: 48, SL.No: 54, Ans: 140

Page No: 49, SL.No: 65, Ans: 60

Page No: 47, SL.No: 33, Ans: 40

Page No: 48, SL.No: 44, Ans: 60

Page No: 48, SL.No: 55, Ans: 160

Page No: 49, SL.No: 66, Ans: 150

Page No: 47, SL.No: 34, Ans: 70

Page No: 48, SL.No: 45, Ans: 140

Page No: 48, SL.No: 56, Ans: 130

Page No: 49, SL.No: 67, Ans: 190

Page No: 47, SL.No: 35, Ans: 200

Page No: 48, SL.No: 46, Ans: 200

Page No: 48, SL.No: 57, Ans: 0

Page No: 49, SL.No: 68, Ans: 100

Answers

Page No: 49, SL.No: 69, Ans: 30

Page No: 49, SL.No: 80, Ans: 10

Page No: 50, SL.No: 91, Ans: 0

Page No: 49, SL.No: 70, Ans: 30

Page No: 50, SL.No: 81, Ans: 180

Page No: 50, SL.No: 92, Ans: 160

Page No: 49, SL.No: 71, Ans: 90

Page No: 50, SL.No: 82, Ans: 80

Page No: 50, SL.No: 93, Ans: 190

Page No: 49, SL.No: 72, Ans: 20

Page No: 50, SL.No: 83, Ans: 120

Page No: 50, SL.No: 94, Ans: 160

Page No: 49, SL.No: 73, Ans: 80

Page No: 50, SL.No: 84, Ans: 140

Page No: 50, SL.No: 95, Ans: 110

Page No: 49, SL.No: 74, Ans: 180

Page No: 50, SL.No: 85, Ans: 90

Page No: 50, SL.No: 96, Ans: 130

Page No: 49, SL.No: 75, Ans: 80

Page No: 50, SL.No: 86, Ans: 180

Page No: 50, SL.No: 97, Ans: 140

Page No: 49, SL.No: 76, Ans: 10

Page No: 50, SL.No: 87, Ans: 140

Page No: 50, SL.No: 98, Ans: 10

Page No: 49, SL.No: 77, Ans: 120

Page No: 50, SL.No: 88, Ans: 140

Page No: 50, SL.No: 99, Ans: 120

Page No: 49, SL.No: 78, Ans: 120

Page No: 50, SL.No: 89, Ans: 190

Page No: 50, SL.No: 100, Ans: 30

Page No: 49, SL.No: 79, Ans: 140

Page No: 50, SL.No: 90, Ans: 200